別表

性物質
固体又は液体）

当する物品
ルブチルリ
ム
亜鉛
トリウム
チウム
ルシウム
シウム
ミニウム
ロシラン

リウムを除く
ウム及びア
余く

第４類　引火性液体

品　名	品名に該当する物品
特殊引火物	ジエチルエーテル
	二硫化炭素
	アセトアルデヒド
	酸化プロピレン
第一石油類	ガソリン
	ベンゼン
	トルエン
	n-ヘキサン
	酢酸エチル
	メチルエチルケトン
	アセトン
	ピリジン
	ジエチルアミン
アルコール類	メタノール
	エタノール
	n-プロピルアルコール
	イソプロピルアルコール
第二石油類	灯油
	軽油
	クロロベンゼン
	キシレン
	n-ブチルアルコール
	酢酸
	プロピオン酸
	アクリル酸
第三石油類	重油
	クレオソート油
	アニリン
	ニトロベンゼン
	エチレングリコール
	グリセリン
第四石油類（※1）	ギヤー油
	シリンダー油
動植物油類（※1）	ヤシ油
	アマニ油

※1　ギヤー油，シリンダー油以外の第四石油類及び動植物油類は，引火点が 250℃未満のものに限る

第５類　自己反応性物質（固体又は液体）

品　名	品名に該当する物品
有機過酸化物	過酸化ベンゾイル
	メチルエチルケトンパーオキサイド
	過酢酸
硝酸エステル類	硝酸メチル
	硝酸エチル
	ニト
ニトロ化合物	
ニトロソ化合物	シ
	メ
アゾ化合物	ア　ソブチロニトリル
ジアゾ化合物	ジアゾジニトロフェノール
ヒドラジンの誘導体	硫酸ヒドラジン
ヒドロキシルアミン	ヒドロキシルアミン
ヒドロキシルアミン塩類	硫酸ヒドロキシルアミン
	塩酸ヒドロキシルアミン
その他のもので政令で定めるもの（※1）	アジ化ナトリウム
	硝酸グアジニン
	1-アリルオキシ-2･3-エポキシプロパン
	4-メチリデンオキセタン-2-オン
前各号に掲げるもののいずれかを含有するもの	

※1　金属のアジ化物
　　硝酸グアニジン

第６類　酸化性液体

品　名	品名に該当する物品
過塩素酸	
	酸
…の他のもので政令で定めるもの（※1）	フッ化塩素
	三フッ化臭素
	五フッ化臭素
	五フッ化ヨウ素
前各号に掲げるもののいずれかを含有するもの	

※1　ハロゲン間化合物
　（2種のハロゲンからなる化合物）

科目免除で受験

速習 乙種第6類

危険物取扱者試験

資格試験研究会　編

梅田出版

本書のご利用にあたって

乙種危険物の受験者で既に他の類の免状を受けている方は，**科目免除**の制度により**「危険物の性質並びにその火災予防及び消火の方法」**の科目のみ（**問題数は 10 問**）で受験することができます。そこで本書では，この科目に重点を置き，解りやすく内容を整理しました。

◎　問題は過去に出題されたものを基準にしています。

§3において，説明のみで**練習問題**のない物品は，過去に出題のなかったものですが，今後出題される可能性も考えられます。

◎　§2や§3の「危険性及び火災予防」は，**暗記事項の重複**を避けるため，危険性の説明に火災予防の意味を含めている部分があります。例を参考にして下さい。

例 1　　“加熱すれば爆発する危険性がある。”

⇒“加熱を避ける”という火災予防の意味を含む。

例 2　　“酸化剤と共存すれば，発火することがある”

⇒“酸化剤と接触させない”という火災予防の意味を含む。

◎　裏表紙の見開きにある**【まとめ】**は各物質について簡潔にまとめました。試験直前の復習等にご利用下さい。

<参考>

実際の試験問題は，おおむね以下のような配分で出題されています。

§1	「危険物に共通する事項」	1 問	計 10 問
§2	「第○類危険物—共通する事項—」	2～3 問	
§3	「第○類危険物—それぞれの物質—」	7～8 問	

もくじ

受験案内

1. 実　　施　試験日程は「一般財団法人 消防試験研究センター」のホームページを参照。

2. 受験資格　受験資格の制限は，なし。

3. 受 験 料　消防庁ホームページをご覧ください。

4. 申　　請

各道府県　消防試験研究センター　各道府県支部
東京都　　消防試験研究センター　中央試験センター

電子申請　消防試験研究センター のホームページ から申請する。

5. 科目免除　乙種の受験者で，他の類の乙種危険物取扱者免状の交付を受けている方は，申請により試験科目のうち，**「危険物に関する法令」「基礎的な物理学及び基礎的な化学」が免除される。**

6. 試験方法　筆記試験（5 肢択一，マークシート方式）
電子式卓上計算機（電卓）は，使用できない。

7. 試験科目　**「危険物の性質並びにその火災予防及び消火の方法」— 10 題**

8. 試験時間　35 分

9. 合格基準　60%以上の正解

10. 合格発表　郵送で合否の結果を直接通知
合格者は消防試験研究センターのホームページに提示

§ 1

危険物に共通する事項

第 4 類以外の物品は，同一の物質であっても粒度や濃度により試験結果が異なり，危険物にならない場合もある。

危険物の類ごとに共通する性質

第１類　酸化性固体

- 固体
- 不燃性
- 比重は１より大きい。
- 自らは燃焼しないが，他の物質を酸化させる酸素を多量に含有しており，加熱・衝撃・摩擦などにより分解し，他の可燃物を燃えやすくする（強酸化剤）。
- 水と反応するものもある（アルカリ金属の過酸化物）。

第２類　可燃性固体

- 固体
- 可燃性
- 比重は１より大きい。
- 水に溶けない。
- 比較的低温で着火又は引火の危険性がある。燃焼が速いため消火が困難である。
- 水と反応するものもある。

第３類　自然発火性物質および禁水性物質

- 液体又は固体
- 可燃性と不燃性
- 比重は１より小さいものがある。
- ３類の物質のほとんどは自然発火性（空気に接触して自然に発火する）又は禁水性（水に接触して発火又は可燃性ガスを発生する）の両方の性質を有するが，黄リンは自然発火のみを有する。またリチウムは禁水性のみを有している。

第4類　引火性液体

- 液体
- 可燃性
- 液比重は1より小さく，蒸気比重は1より大きい。
- 引火性を有する液体。
- アルコール類等，一部の物品以外は水に溶けない。

第5類　自己反応性物質

- 液体又は固体
- 可燃性
- 比重は1より大きい。
- 燃焼に必要な酸素を含んでおり，加熱による分解などの自己反応により，多量の熱を発生したり，爆発的に反応が進行する。
- 金属と作用し，不安定な金属塩を形成するものがある。

第6類　酸化性液体

- 液体
- 不燃性
- 比重は1より大きい。
- 無機化合物である。
- 自らは燃焼しないが，混在する他の可燃物の燃焼を促進する性質をもつ（強酸化剤）。
- 水と激しく反応し，発熱するものがある。
- 腐食性があり，皮膚をおかし，又，その蒸気は有毒である。

練習問題

[1]　危険物の性質について，次のうち誤っているものはどれか。

(1)　同一の物質であっても，形状及び粒度によって危険物になるものとならないものがある。

(2)　不燃性の液体で，酸化力が強く，他の燃焼を助けるものがある。

(3)　水と接触して発熱し，可燃性ガスを生成するものがある。

(4)　危険物は，一般には水に溶けない。

(5)　多くの酸素を含んでおり，他から酸素の供給がなくても燃焼するものがある。

ヒント　危険物には水溶性と非水溶性がある。

[2]　危険物の類と該当する品名との組み合わせで，次のうち誤っているものはどれか。

(1)　第1類　塩素酸ナトリウム

(2)　第2類　マグネシウム

(3)　第3類　過酸化ベンゾイル

(4)　第4類　アルコール

(5)　第6類　硝酸

ヒント　過酸化ベンゾイルは第5類危険物である。

[3]　次のうち,すべての類のどの危険物にも全く該当しないものはどれか。ただし，いずれも常温（20℃）常圧における状態とする。

(1)　引火性の液体

(2)　可燃性の気体

(3)　可燃性の固体

(4)　不燃性の液体

(5)　不燃性の固体

ヒント　気体は危険物に該当しない。

[4]　危険物の性状について，誤っているものはどれか。

(1)　第 1 類は酸化性の固体である。

(2)　第 2 類は可燃性の液体である。

(3)　第 4 類は引火性の液体である。

(4)　第 5 類は自己反応性の液体又は固体である。

(5)　第 6 類は酸化性の液体である。

ヒント

<table>
<tr><td>第 1 類</td><td>酸化性固体</td><td rowspan="2">固体</td><td>第 4 類</td><td>引火性液体</td><td rowspan="2">液体</td></tr>
<tr><td>第 2 類</td><td>可燃性固体</td><td>第 6 類</td><td>酸化性液体</td></tr>
<tr><td>第 3 類</td><td colspan="2">自然発火性物質 又は 禁水性</td><td colspan="3" rowspan="2">液体 又は 固体</td></tr>
<tr><td>第 5 類</td><td colspan="2">自己反応性物質（固体 又は 液体）</td></tr>
</table>

[5]　次の各類危険物のうち，誤った記述はいくつあるか。

A　第1類は酸化性の液体であり，それ自身は燃えない。

B　第2類は可燃性の固体であり比較的低温で着火する危険性がある。

C　第3類は空気にさらされて自然発火又は，水と接触して発火・可燃性ガスを発生するおそれのある液体又は固体である。

D　第5類は爆発的に反応が進行する自己反応性物質である。

E　第6類はそのもの自体が燃焼しない液体である。

(1)　なし　(2)　1つ　(3)　2つ　(4)　3つ　(5)　4つ

ヒント　第1類の物質は酸化性の固体である。

[6]　危険物の類ごとの燃焼性として，次のA～Eのうち正しいものはどれか。

A　第1類危険物は，すべて可燃性である。

B　第2類危険物は，すべて可燃性である。

C　第4類危険物は，すべて可燃性である。

D　第5類危険物は，すべて不燃性である。

E　第6類危険物は，すべて可燃性である。

(1)　AとB　(2)　BとC　(3)　CとD　(4)　DとE　(5)　AとE

ヒント
・第1，6類は自らは燃焼しない。
・第5類は加熱により分解し，自己反応により多量の熱を発生し爆発する。

[7]　「一般にそれ自体は不燃性物質であるが，強酸化剤である。」というのは次のうちどの類とどの類の特性を表わしているか。

(1)　第1類と第6類

(2)　第3類と第2類

(3)　第6類と第4類

(4)　第5類と第6類

(5)　第1類と第5類

ヒント

- **第1類**　酸化性固体…不燃性⇨他の可燃物を燃えやすくする。
- **第2類**　可燃性固体…可燃性
- **第3類**　自然発火性，禁水性物質…可燃性・不燃性
- **第4類**　引火性液体…可燃性
- **第5類**　自己反応性物質…可燃性
- **第6類**　酸化性液体…不燃性⇨他の可燃物を燃えやすくする。

[8]　危険物の類ごとの性状として，次のうち正しいものはどれか。

(1)　第1類の危険物は，一般に可燃性で酸素を発生する。

(2)　第2類の危険物は，一般に着火又は引火しやすい固体である。

(3)　第3類の危険物は，水と接触して発熱又は発火する。

(4)　第4類の危険物は，一般に蒸気比重が1より小さい。

(5)　第6類の危険物は，いずれも強酸であり，腐食性がある。

ヒント

- **第1類の危険物**…不燃性である。
- **第3類の危険物**…自然発火性，禁水性物質である。
- **第4類の危険物**…蒸気比重は1より大きい。
- **第6類の危険物**…強酸性とは限らない。

[9]　危険物の類ごとに共通する危険性として，次のうち正しいものはどれか。

(1)　第 1 類危険物…着火しやすく，かつ，燃え方が早いため消火することが難しい。

(2)　第 2 類危険物…低温では着火，又は引火の危険性はない。

(3)　第 3 類危険物…それ自体は燃焼しないが，混在する可燃物の燃焼を促進する。

(4)　第 4 類危険物…一般的に空気に触れることにより自然に発火する。

(5)　第 5 類危険物…加熱による分解などの自己反応により，発火し，又は爆発する。

ヒント

- **第 1 類危険物**…不燃性である。
- **第 2 類危険物**…比較的低温で着火，引火の危険性がある。
- **第 3 類危険物**…可燃性と不燃性のものがある。自然発火性及び禁水性物質。
- **第 4 類危険物**…アマニ油などの乾性油などはぼろ布などにしみ込んで自然発火することがあるが，一般的ではない。

[10]　危険物の類ごとの性状として，次のうち誤っているものはどれか。

(1)　第 1 類の危険物は，一般に不燃性の固体である。

(2)　第 2 類の危険物は，いずれも水に溶けやすい物質である。

(3)　第 3 類の危険物は，ほとんどのものは，空気，水に接触すると発火する危険性を有する。

(4)　第 4 類の危険物は，いずれも引火点を有する液体である。

(5)　第 6 類の危険物は，いずれも不燃性の液体である。

ヒント　第 2 類は水には溶けない。

［11］　危険物の類ごとの性質として，次のうち誤っているものはどれか。

(1)　第1類危険物は，分解等により自身がもつ酸素を遊離し，他の可燃物を燃えやすくする。

(2)　第2類危険物は，引火又は着火しやすい可燃性の固体で，自身が燃える。

(3)　第4類危険物は，引火性液体であり，水と反応して可燃性ガスを放出するものもある。

(4)　第5類危険物は，可燃性であると同時に，自身に酸素を含んでおり，熱・衝撃等により分解し，爆発的に燃焼する。

(5)　第6類危険物は，自身の持つ酸素を放出して，他の可燃物を燃えやすくする。

ヒント　第4類危険物は，水と反応して可燃性ガスを放出しない。

［12］　次の各類の危険物の性状のうち，正しいものはいくつあるか。

A　第1類はそれ自体は燃焼しない。

B　第2類はそれ自体は着火しやすい。

C　第3類はそれ自体は燃えない。

D　第5類は爆発の危険性はない。

E　第6類はそれ自体は燃焼しない。

(1)　なし　(2)　1つ　(3)　2つ　(4)　3つ　(5)　4つ

ヒント
・第3類は可燃性と不燃性の物質がある。
・第5類は自己反応性物質で爆発的に反応する。

［13］　危険物の類ごとの一般的性状として，次のうち誤っているものはどれか。

⑴　第1類は一般的に不燃性物質であるが，分子中に酸素を含有し，周囲の可燃物の燃焼を著しく促す。

⑵　第3類の自然発火性物質（黄リン）は空気に触れると自然発火するので，水中に小分けして貯蔵する。

⑶　第4類危険物は引火性液体であって，液比重は1より小さいが，蒸気比重は1より大きい。

⑷　第5類危険物は自己反応性物質の液体で燃焼速度が速い。

⑸　第6類危険物はいずれも不燃性であるが，水と激しく反応し発熱し，酸化力が強く，有機物と混ざると着火することがある。

ヒント　第5類危険物は自己反応性物質で液体又は固体がある。

［14］　次のうち，正しいものはどれか。

⑴　第3類と第6類危険物は，いずれも比重が1より大きい。

⑵　第2類と第6類危険物は，自然発火性である。

⑶　第2類と第5類危険物は，いずれも固体である。

⑷　第1類と第2類危険物は，水と反応するものが含まれる。

⑸　第1類と第6類危険物は，可燃性である。

ヒント
・第3類の物質の比重は1より大きいものも小さいものもある。
・第2類は可燃性，第6類は酸化性である。
・第2類は固体であるが，第5類は液体と固体がある。
・第1，6類は不燃性である。

§2

第６類危険物

共通する事項

§2 及び §3 に取り上げる危険性とは
消防法の規制による科学的危険性を指す。

1.　第6類危険物の品名

第6類危険物は，消防法別表の第6類の項に掲げる物品で，**酸化性液体**の性状を示すものをいう。

消防法別表により，次のように分類されている。

	品　名	品名に該当する物品
1	過塩素酸	
2	過酸化水素	
3	硝　酸	硝酸
		発煙硝酸
4	その他の政令で定めるもの	フッ化塩素
		三フッ化臭素
		五フッ化臭素
		五フッ化ヨウ素
5	前各号に掲げるもののいずれかを含有するもの	

酸化性液体とは，燃焼試験で一定の性状を示す液体をいう。

燃焼試験

酸化力の潜在的な危険性を判断するための試験

2. 性　質

① 不燃性の液体である。

② 無機化合物である。

③ 腐食性があるので皮膚をおかし，その蒸気は有害である。

3. 危険物及び火災予防

① 水と激しく反応し，発熱するものがある。

② 加熱すると，刺激性の有毒ガスを発生するもの，分解して爆発するものがある。

③ 酸化力が強いため（強酸化剤），有機物と混合するとこれを酸化させ，着火させることがある。

④ 火気・日光の直射は避ける。

⑤ 可燃物，有機物などとの接触は避ける。

⑥ 通風のよい場所で取り扱う。

⑦ 貯蔵容器は耐酸性のものとし，密栓すること（過酸化水素以外）。

4. 消火の方法 (p.14 参照)

① 燃焼物に対応した消火方法をとる。

② 一般には泡や多量の水を使用する（ハロゲン間化合物を除く）が，危険物が飛散しないように注意する。

③ **二酸化炭素**，**ハロゲン化物による消火**，又は**炭酸水素塩類等**を使用する**消火粉末等は不適当**である。

④ 流出事故のときは，乾燥砂をかけるか，中和剤で中和する。

⑤ 災害現場の風上に位置し，また，発生するガスを防ぐため防毒マスクを使用する。

⑥ 皮膚を保護する。

第6類危険物に対する消火設備の適用（政令別表より抜粋）

消火設備の区分＼対象物			第6類の危険物
第1種	屋内消火栓設備又は屋外消火栓設備		○
第2種	スプリンクラー設備		○
第3種	水蒸気消火設備又は水噴霧消火設備		○
	泡消火設備		○
	不活性ガス消火設備		
	ハロゲン化物消火設備		
	粉末消火設備	リン酸塩類等を使用するもの	○
		炭酸水素塩類等を使用するもの	
		その他のもの	
第4種又は第5種	棒状の水を放射する消火器		○
	霧状の水を放射する消火器		○
	棒状の強化液を放射する消火器		○
	霧状の強化液を放射する消火器		○
	泡を放射する消火器		○
	二酸化炭素を放射する消火器		
	ハロゲン化物を放射する消火器		
	消火粉末を放射する消火器	リン酸塩類等を使用するもの	○
		炭酸水素塩類等を使用するもの	
		その他のもの	
第5種	水バケツ又は水槽		○
	乾燥砂		○
	膨張ひる石又は膨張真珠岩		○

備考

1. ○印は対象物に当該各項に掲げる第1種から第5種までの消火設備がそれぞれ適応するものであることを示す。
2. 消火器は第4種の消火設備については大型のものを，第5種の消火設備については小型のものをいう。
3. リン酸塩類等とは，リン酸塩類，硫酸塩類その他防炎性を有する薬剤をいう。
4. 炭酸水素塩類とは，炭酸水素塩類及び炭酸水素塩類と尿素の反応生成物をいう。

練習問題

[1]　第 6 類の危険物の性状として，次のうち誤っているものはどれか。

(1)　加熱すると，分解して酸素を生成するものがある。

(2)　腐食性があり，蒸気は有毒なものが多い。

(3)　強酸化剤であるが，高温になると還元剤として作用する。

(4)　いずれも不燃性の液体である。

(5)　有機物などと接触すると，発火させる危険がある。

ヒント　**第 6 類危険物の性状**

高温で還元剤として作用しない。

[2]　第 6 類の危険物の性状について，次のうち正しいものはどれか。

(1)　いずれも不燃性である。

(2)　一般に比重は 1 より小さい。

(3)　摩擦，衝撃により爆発しやすい。

(4)　いずれも有機化合物である。

(5)　いずれも加熱すると酸素を発生する。

ヒント　**第 6 類危険物の性状**

・比重は 1 より大きい。
・摩擦，衝撃で爆発しない。
・無機化合物である。
・加熱により酸素を発生するものもある。

[3]　第6類の危険物について，誤っているものはいくつあるか。

A　いずれも不燃性の液体である。

B　加熱すると分解して酸素を発生するものがある。

C　災害現場では防じんマスクを使用することが適切である。

D　腐食性はあまりないが，その蒸気を吸引すると有害である。

E　いずれも無機化合物であり，有機物と混ぜると，これを還元させて，場合により着火させることもある。

(1) なし　(2) 1つ　(3) 2つ　(4) 3つ　(5) 4つ

ヒント

第6類危険物の性状

・有毒ガスを発生するため，消火のときは防毒マスクを着用する。
・酸化性が強く，腐食性があり，金属，皮膚をおかす。
・無機化合物であり，有機物を酸化させる。

[4]　第6類の危険物の性状について，次のうち誤っているものはどれか。

(1)　可燃物との接触は発火又は爆発の危険がある。

(2)　一般に比重は1より小さい。

(3)　水と激しく反応して発熱するものがある。

(4)　強い酸化性を有する。

(5)　皮膚を腐食させる。

ヒント

第6類危険物の性状

	過塩素酸	過酸化水素	硝酸	発煙硝酸	三フッ化臭素	五フッ化臭素
比重	1.8	1.5	1.5	1.52～	2.84	2.46

[5]　第６類の危険物の性状として，次のうち誤っているものはどれか。

(1)　一般に皮膚をおかす作用が強い。

(2)　金属に対する腐食性が強いものがある。

(3)　有機物と接触すると，発火させる危険がある。

(4)　水で薄めるとき，激しく発熱するものがある。

(5)　加熱すると，毒性の可燃性ガスを発生する。

ヒント　**第６類危険物の性状**

加熱により発生するガスは可燃性ではない。

[6]　第６類の危険物の一般的な取扱い方法として，次のA～Eのうち正しいものはいくつあるか。

A　酸化力が強いため,混合した有機物を酸化させて発火する恐れがある。

B　流出事故のときは，中和剤や乾燥砂をかける。

C　いずれも不燃性の液体であるが，可燃物，有機物と接触すると発火や爆発することもあり，十分注意が必要である。

D　災害のときの消火方法は,一般に二酸化炭素やハロゲン化物による窒息消火が適している。

E　腐食性があり，皮膚をおかし，その蒸気は有害であるので，取扱いには十分な注意をする。

(1)　1つ　(2)　2つ　(3)　3つ　(4)　4つ　(5)　5つ

ヒント　**第６類危険物の取扱い方法**

二酸化炭素（炭酸ガス）・ハロゲン化物・炭酸水素塩類の消火粉末での消火は不適当である。

[7]　第 6 類の危険物のすべてに共通する貯蔵・取扱いの方法として，次のうち誤っているものはどれか。

(1)　皮膚を保護して取り扱う。

(2)　容器は破損，腐食しやすいので注意する。

(3)　酸化されやすい物品と同一場所で貯蔵しない。

(4)　冷暗所に貯蔵する。

(5)　容器で貯蔵するときは，すべて通気孔が設けてある容器を使用する。

ヒント　**第 6 類危険物の貯蔵・取扱い**

過酸化水素以外は密栓して貯蔵する。

[8]　第 6 類の危険物の火災予防上，次の A～E のうち正しいものはいくつあるか。

A　容器はアルミ製で通気孔を持たせる。

B　火気や日光の直射を避ける。

C　高温の場所で保存する。

D　水との接触を避ける。

E　還元剤の混入は避ける。

(1)　1 つ　(2)　2 つ　(3)　3 つ　(4)　4 つ　(5)　5 つ

ヒント　**第 6 類危険物の火災予防**

・容器は耐酸性のもので，過酸化水素以外は密封する。
・冷暗所に貯蔵する。

[9]　第 6 類の危険物の火災予防の方法として，次のうち誤っているものはどれか。

(1)　火源があれば燃焼するので，取扱いには十分注意する。

(2)　日光の直射，熱源を避ける。

(3)　可燃物，有機物と離して取扱う。

(4)　貯蔵容器は耐酸性のものとし，密封すること。(過酸化水素を除く)。

(5)　水と反応するものは，水との接触を避けること。

ヒント　**第 6 類危険物の火災予防**

第 **6** 類危険物は不燃性である。

[10]　第 6 類の危険物に共通する消火方法として，誤っているものはどれか。

(1)　この類は燃焼物に対応した消火方法をとるのが原則である。

(2)　状況により多量の二酸化炭素消火剤で窒息消火する。

(3)　状況により多量の水を使用するが，危険物が飛散しないように注意する。

(4)　流出事故のときは，乾燥砂をかけるか，中和剤で中和する。

(5)　災害現場の風上に位置し，発生するガスを防ぐためマスクを着用する。

ヒント　**第 6 類危険物の消火方法**

二酸化炭素（炭酸ガス）・ハロゲン化物・炭酸水素塩類の消火粉末での消火は不適当である。

［11］　第6類の危険物すべてに有効な消火方法として，次のうち不適切なものはどれか。

(1)　霧状の水を放射する。

(2)　棒状の水を放射する。

(3)　泡消火剤を放射する。

(4)　膨張真珠岩（パーライト）で覆う。

(5)　二酸化炭素消火剤を放射する。

ヒント　**第６類危険物の消火方法**

・p.14　参照

・二酸化炭素（炭酸ガス）・ハロゲン化物・炭酸水素塩類の消火粉末での消火は不適当である。

［12］　第６類の危険物にかかわる火災の一般的な消火方法について，A～Dのうち正しいものはいくつあるか。

A　炭酸水素塩類が含まれる消火粉末で消火する。

B　ハロゲン化物消火剤を放射して消火する。

C　おがくずを散布し，危険物を吸収させて消火する。

D　棒状注水は，いかなる場合でも避ける。

(1)　なし

(2)　1つ

(3)　2つ

(4)　3つ

(5)　4つ

ヒント　**第６類危険物の消火方法**

p.13，14　参照

§3

第６類危険物

それぞれの物質

危険性・火災予防の項目中、＊ は貯蔵方法を指す。

1.　過塩素酸　$HClO_4$　（指定数量　300kg）

形状	◦　無色の発煙性液体
性状	比　重　1.8　　融　点　−112℃　　沸　点　39℃（56mmHg）
危険性・火災予防	◦　空気中で激しく発煙する。 ◦　水中に滴下すれば音を発し，発熱する。 ◦　加熱すれば爆発する。 ◦　皮膚を腐食し，生体に対して有毒である。 ◦　木片，おがくずなどの有機物と接触すると自然発火する。 ◦　それ自体は不燃性である。 ◦　強い酸化力をもち，アルコールなどの可燃性有機物と混合すると急激な酸化反応が起き，発火，爆発する危険性がある。 ◦　不安定な物質であり，冷暗所，常圧の密閉容器で貯蔵していても分解し，次第に黄変し，その分解生成物が触媒となり爆発的に分解するので，**定期的に検査し，汚損・変色しているときは**安全な方法で**破棄する。** ◦　鉄，銅，鉛など，大部分の金属や非金属を酸化し，腐食する。
貯蔵	＊　容器は密封し，通風のよい乾燥した冷暗所に貯蔵する。
消火	◦　強い酸性なので，流出したときはチオ硫酸ナトリウム，ソーダ灰で十分中和してから水で洗い流す。 ◦　多量の水による消火が最も有効である。

〔用途〕分析化学用試薬，金属の溶解，有機合成用触媒など

過塩素酸

・過塩素酸塩を鉱酸により加熱分解蒸留してつくられる。

・一般には60〜70%に希釈された水溶液として扱われる。

練習問題

[1]　過塩素酸の性状について，A～Eのうち正しいものはいくつあるか。

A　無色の発煙性の液体である。

B　不燃性の固体で，加熱すると爆発する。

C　第6類の危険物のうち，融点が一番低い物質である。

D　銅や鉛などの金属を溶解する。

E　水中に滴下すれば音を発して発熱する。

(1)　1つ

(2)　2つ

(3)　3つ

(4)　4つ

(5)　5つ

ヒント　**過塩素酸の性状**

不燃性の液体である。

[2]　過塩素酸の性状について，次のうち誤っているものはどれか。

(1)　不安定な物質である。

(2)　無色で発煙性の液体である。

(3)　皮膚を腐食する。

(4)　強い酸化力を持つ液体である。

(5)　比重は1より小さい。

ヒント　**過塩素酸の性状**

比重は1.8である。

[3]　過塩素酸の性状について，次のうち誤っているものはどれか。

(1)　空気中で強く発煙する。

(2)　黄褐色の粘性のある液体である。

(3)　蒸気は眼や気管を刺激する。

(4)　純粋なものは無色である。

(5)　それ自体は不燃性である。

ヒント　**過塩素酸の性状**
無色の発煙性液体

[4]　過塩素酸の性状について，A～Eのうち誤っているものはいくつあるか。

A　木片と接触しても自然発火しない。

B　淡黄色の発煙性液体である。

C　加熱すれば，爆発する。

D　アルコールと混合すると発火又は爆発することがある。

E　強い酸化力をもつ。

(1)　なし

(2)　1つ

(3)　2つ

(4)　3つ

(5)　4つ

ヒント　**過塩素酸の性状**
・木片と接触すると，自然発火する。
・無色の発煙性液体である。

[5]　過塩素酸の性状について，次のうち誤っているものはどれか。

(1)　水と激しく作用し，発熱する。

(2)　過塩素酸は，空気中で激しく発煙するので，作業は風化を避け，保護具等を使用して行う。

(3)　冷暗所で保存すると安定な物質である。

(4)　強い酸化力を持つ。

(5)　加熱すると爆発の危険がある。

ヒント　**過塩素酸の性状**

大変不安定な物質であるので，密栓容器に入れ，冷暗所に保存していても分解・黄変する。

[6]　過塩素酸について，次のA～Eのうち正しいものはいくつあるか。

A　皮膚に触れても安全である。

B　強い酸化力をもつ。

C　不安定な物質であるため，密閉容器に入れ，冷暗所で保存する。

D　おがくずや木片などの有機物に接触すると自然発火することがある。

E　可燃性有機物と混合すると発火や爆発することがある。

(1) なし　(2) 1つ　(3) 2つ　(4) 3つ　(5) 4つ

ヒント　**過塩素酸の性状**

皮膚を腐食し，生体に対して有毒である。

［7］　過塩素酸にかかわる火災の消火方法として，次のうち適用可能なものはいくつあるか。

A　膨張ひる石で覆う。

B　泡消火剤を放射する。

C　ハロゲン化物消火剤を放射する。

D　多量の水による消火。

E　粉末消火剤(リン酸塩類を使用するもの)による消火方法。

(1) 1つ　　(2) 2つ　　(3) 3つ　　(4) 4つ　　(5) 5つ

ヒント　**過塩素酸の火災の消火方法**

ハロゲン化物を用いた消火剤は不適当。p.14 参照

［8］　過塩素酸が流出したときの処置として，次のA～Eのうち適切なものはいくつあるか。

A　乾燥砂で過塩素酸をおおい，流出面積を広げないようにした。

B　火災を防ぐため，窒息効果を期待し，水を霧状噴霧した。

C　接触して発火しないように，近くにある木片を遠くに離した。

D　中和剤をかけ，中和した。

E　皮膚を腐食するので，保護具等を身につけ，風下より作業をした。

(1) なし　　(2) 1つ　　(3) 2つ　　(4) 3つ　　(5) 4つ

ヒント　**過塩素酸の火災予防**

・多量の水で冷却消火する。
・風上で作業する。

[9]　過塩素酸の貯蔵・取扱いの注意事項として，次のうち誤っているものはどれか。

(1)　直射日光や加熱，有機物などの可燃物との接触を避ける。

(2)　漏えいした時はチオ硫酸ナトリウム等で中和し,大量の水で洗い流す。

(3)　取扱いは換気のよい場所で行い，保護具を使用する。

(4)　汚損，変色している時は，安全な方法で廃棄する。

(5)　分解してガスを発生しやすいことから，容器は密栓してはならない。

ヒント　**過塩素酸の貯蔵・取扱い**
容器は密栓する。

[10]　過塩素酸の貯蔵・取扱いについて，次のうち誤っているものはどれか。

(1)　通風のよい乾燥した冷暗所に保存する。

(2)　火気との接触を避ける。

(3)　可燃物と離して，貯蔵する。

(4)　漏出時は，おがくずを撒き，吸収する。

(5)　容器は密栓する。

ヒント　**過塩素酸の貯蔵・取扱い**
おがくずに接触すると自然発火する危険性がある。

2.　過酸化水素　H_2O_2　（指定数量　300kg）

形状	◦　純粋なものは無色の粘性のある不安定な液体。
性状	比　重　**1.5** 融　点　**−0.4**℃ 沸　点　**152**℃ ◦　水に溶けやすい。 ◦　弱酸性である。 ◦　それ自体は不燃性である。 ◦　通常は水溶液で取扱われる。（オキシドール）
危険性・火災予防	◦　強い酸化性を有する。また強い酸化剤に対しては還元剤として作用し，酸素となる。 ◦　極めて不安定で，熱，日光により，また濃度50%以上では常温（20℃）でも**水と酸素に分解**し，爆発性がある。 ◦　金属粉や有機物などとの混合により，加熱・衝撃・動揺で爆発，発火することがある。 ◦　皮膚にふれると火傷をおこす。 ◦　**安定剤には，リン酸，尿酸，アセトアニリド等**が用いられる。 ◦　石油エーテルに溶け，ベンゼンに溶けない。
貯蔵	＊　冷暗所に貯蔵する。 ＊　容器は密栓せず，通気のため穴の開いた栓をしておく。
消火	◦　漏えいしたときは多量の水で洗い流す。 ◦　注水して消火する。

〔用途〕オキシドール，ロケット燃料など

オキシドール

過酸化水素の3%水溶液。漂白剤，消毒剤，酸化剤などに利用される。

練習問題

[1]　過酸化水素について，次のうち誤っているものはどれか。

(1)　純粋なものは，粘性のある液体である。

(2)　水に溶ける。

(3)　強力な酸化剤で，高濃度のものは爆発の危険性がある。

(4)　不安定で分解しやすいので，種々の安定剤が加えられている。

(5)　引火性がある。

ヒント　**過酸化水素の性状**

引火性はない。

[2]　過酸化水素の性状について，次のうち正しいものはどれか。

(1)　加熱すると，発火する。

(2)　水より軽い無色の液体である。

(3)　熱や光により，容易に水素と酸素に分解する。

(4)　分解を防止するため，リン酸，尿酸，アセトアニリド等の安定剤が加えられている。

(5)　高濃度のものは，引火性を有している。

ヒント　**過酸化水素の性状**

・過酸化水素だけでは発火しない。

・比重：1.5

・水と酸素に分解する。

・引火性はない。

[3]　次の物質を過酸化水素に混合したとき，爆発の危険性がないものはどれか。

(1)　鉄

(2)　クロム

(3)　エタノール

(4)　二酸化マンガン

(5)　リン酸

ヒント

過酸化水素の性状

・金属粉や有機物などの混合により分解し，加熱などにより爆発・発火することがある。

・安定剤として**リン酸**・尿酸・アセトアニリドなどが用いられる。

[4]　過酸化水素について，次のA～Eのうち正しいものはいくつあるか。

A　濃度50%以上のとき，常温（20℃）でも水と酸素に分解する。

B　火災のときは消石灰などの中和剤での消火が適している。

C　金属粉や有機物などの混合により分解し，加熱などにより爆発・発火することがある。

D　漏れたときには多量の水で洗い流す。

E　不安定な液体であるので，必ず密栓をして貯蔵する。

(1) なし　　(2) 1つ　　(3) 2つ　　(4) 3つ　　(5) 4つ

ヒント

過酸化水素について

・消火には大量の水を用いる。

・容器は密栓せずに，通気孔を設ける。

[5]　過酸化水素の性状について，次のうち誤っているものはどれか。

(1)　水に溶けやすく，弱酸性である。

(2)　消毒用として市販されているオキシドールは，約30%水溶液である。

(3)　高濃度のものは水と酸素に分解する。

(4)　強力な酸化性を有するが，還元剤として作用する反応もある。

(5)　皮膚・粘膜を腐食する。

ヒント　**過酸化水素の性状**

消毒用のオキシドールは約3%水溶液である。

[6]　過酸化水素の性状について，次のうち誤っているものはどれか。

(1)　石油エーテルに溶け，ベンゼンに溶けない。

(2)　漂白剤・殺菌消毒剤として用いられる。

(3)　安定剤としてアルカリを加え，分解を抑制する。

(4)　有機化合物と接触すると，発火させることがある。

(5)　金属粉末・赤リン・硫黄などと混合すると爆発を起こす可能性がある。

ヒント　**過酸化水素の性状**

安定剤として，リン酸やアセトアニリドが用いられる。

[7]　過酸化水素の貯蔵・取扱いについて，次のうち誤っているものはどれか。

(1)　加熱や日光の直射を避ける。

(2)　高濃度のものは，空気と反応しやすいので容器は密栓しておく。

(3)　通気孔の付いた容器に入れ，できるだけ冷暗所に貯蔵する。

(4)　漏えいしたときは，多量の水で洗い流す。

(5)　消火するときは多量の水により消火する。

ヒント　**過酸化水素の貯蔵・取扱い**

容器は密栓をせずに通気のための穴の開いた栓をしておく。

[8]　過酸化水素の性状について，文章中（ア）～（ウ）に入るものは次のうちどれか。

「濃度50%以上では極めて不安定で，常温（20℃）でも（　ア　）と（　イ　）に分解する。分解防止のため，通常は（　ウ　）が加えられる。」

	ア	イ	ウ
(1)	水	窒　素	還元剤
(2)	水	酸　素	安定剤
(3)	金　属	空　気	促進剤
(4)	水	ナトリウム	安定剤

ヒント　**過酸化水素の性状**

・**水**と**酸素**に分解される。

・**安定剤**を加え，分解を防止する。

3. 硝　酸　(指定数量　300kg)

硝　酸　HNO_3

形状	◦ 無色の液体 ◦ 湿気を含む空気中で褐色に発煙する。
性状	**比 重　1.5** (市販品は1.38以上)　**沸 点　86℃**　**融 点　−42℃** ◦ 硝酸自身は爆発性・燃焼性はない。 ◦ 水溶液は極めて強い酸で，金属酸化物，水酸化物に作用して硝酸塩を生成する。 ◦ 常温でも多少分解されるが，日光，加熱により黄褐色となり，**酸素**，**二酸化窒素**（有毒なので吸い込まないようにする）を生じる。
危険性・火災予防	◦ **硝酸・硝酸蒸気**および分解して生じる**窒素酸化物のガス**は有毒である。 ◦ 金属粉と接触すると有毒な**窒素酸化物**を生ずる。 ◦ 腐食作用が強く，生体に対して有毒である。 ◦ 強い酸化性を有し，二硫化炭素，アミン類，ヒドラジン類などとの混合や，おがくず，木毛，木片，紙，ぼろなどの有機物（可燃物）と接触すると発火・爆発することがある。 ◦ 還元性物質との接触を避ける。
貯蔵	* 日光の直射，熱源を避け，換気の良い，乾燥した場所に貯蔵する。 * 容器は密栓する。 * 金属を腐食させるので，比較的安定なステンレス鋼，アルミニウム製の容器などで貯蔵する。
消火	◦ 流出したときは土砂などをかけるか，水で洗い流すか，又はソーダ灰，消石灰などで中和する。 ◦ 硝酸は燃えないので，燃焼物に対応した消火手段をとる。 ◦ 防毒マスクなどを着用する。

〔用途〕火薬，医薬品，染料など

硝 酸

・硝酸は，硝酸塩に濃硫酸を作用させ，加熱してつくる。工業的にはアンモニアを酸化してつくる。

・**鉄**，**ニッケル**，**クロム**，**アルミニウム**などは**希硝酸**には激しく侵されるが，**濃硝酸**には不動態を作り，侵されない。

※**不動態**…腐食作用に抵抗するため，金属表面に酸化被膜が生じた状態のこと。

・水素よりイオン化傾向の小さい金属（Cu，Hg，Ag）とも反応する。

K	Ca	Na	Mg	Al	Zn	Fe	Ni	Sn	Pb	**H_2**	Cu	Hg	Ag	Pt	Au
カリウム	カルシウム	ナトリウム	マグネシウム	アルミニウム	亜鉛	鉄	ニッケル	スズ	鉛	**水素**	銅	水銀	銀	白金	金

大 ←――――――――――――――――――――――――→ 小

・濃硝酸は硫黄またはリンと反応して硫酸やリン酸になる。

・濃硝酸と濃塩酸を混合したものは，**王水**と呼ばれ金・白金を溶解する。

発煙硝酸　HNO_3

形状	◦　赤色，又は赤褐色の透明な液体。
性状	**比　重　1.52～** ◦　硝酸98％以上を含有するもの。 ◦　空気中で窒息性の**二酸化窒素**の褐色蒸気を発生する。 ◦　硝酸よりさらに酸化力が強い。

※　**危険性・火災予防・消火は硝酸に準じる。**

〔用途〕酸化剤，ニトロ化剤

発煙硝酸

濃硝酸に二酸化窒素（NO_2）を加圧飽和させたもの。

練習問題

[1]　硝酸の性状について，次のうち誤っているものはどれか。

(1)　無色の液体である。

(2)　強い酸化性がある。

(3)　おがくずや紙などの有機物と接触すると発火することがある。

(4)　腐食作用が強いので生体に対して有毒である。

(5)　取扱い方を誤るとそれ自体が爆発や燃焼をする。

ヒント

硝酸の性状

硝酸自体，爆発や燃焼をすることはない。

[2]　硝酸の性状として，次のうち正しいものはどれか。

(1)　可燃性である。

(2)　生体に対して無害である。

(3)　純粋なものは白色の結晶である。

(4)　水素よりイオン化傾向の小さい銀や銅と反応する。

(5)　木製容器で保存する。

ヒント

硝酸の性状

水素よりイオン化傾向の小さい金属（Cu，Ag，Hg）とも反応する。

[3]　硝酸の性状として，次のうち誤っているものはどれか。

(1)　水溶性がある。

(2)　不燃性である。

(3)　腐食性がある。

(4)　酸化性がある。

(5)　湿気を含む空気中で黒色に発煙する。

ヒント

硝酸の性状

湿気を含む空気中で褐色に発煙する。

[4]　硝酸の性状として，次のうち誤っているものはどれか。

(1)　鉄やアルミニウムは，濃硝酸には不動態となり，侵されない。

(2)　濃硝酸は，金，白金を腐食する。

(3)　湿った空気中で発煙する。

(4)　酸化力を持つ。

(5)　濃塩酸と一定の比で混合したものは王水と呼ばれ，金を溶解することができる。

ヒント

硝酸の性状

・濃硝酸は金，白金を腐食しない。

［5］　硝酸について次のA～Eのうち正しいものはいくつあるか。

A　貯蔵は極力湿気の少ない場所とする。

B　金属粉などとの接触は避ける。

C　貯蔵容器はステンレス鋼やアルミニウム製を用い，通気のため穴の開いた栓をしておく。

D　製法は硝酸塩を熱分解するか，アンモニアの酸化による。

E　水とは任意の割合で混合し，その水溶液は強い酸性を示す。

(1)　1つ

(2)　2つ

(3)　3つ

(4)　4つ

(5)　5つ

ヒント

硝酸の性状

・貯蔵…ステンレス鋼やアルミニウム製容器に入れ，密栓をしておく。

・製法…硝酸ナトリウムに濃硫酸を作用させ，加熱する。
　　　工業的にはアンモニアを酸化させて作る。

［6］　硝酸について，次のうち誤っているものはどれか。

(1)　発煙硝酸は濃硝酸に二酸化窒素を加圧飽和させて製造する。

(2)　硝酸は，可燃性の油状液体である。

(3)　鉄，アルミニウムなどの金属は，希硝酸には激しく侵される。

(4)　鉄，アルミニウムなどの金属は，濃硝酸には不動態をつくり，侵されない。

(5)　加熱又は日光によって分解し，その際に生ずる二酸化窒素によって黄褐色を呈する。

ヒント

硝酸の性状

不燃性の液体

［7］　硝酸の貯蔵又は取扱いの注意事項として，次のうち誤っているものはどれか。

(1)　希硝酸は大部分の金属を腐食させるので，収納する場合には，容器の材質に注意する。

(2)　硝酸により可燃物が燃えている場合は，燃焼物に対応した消火手段をとる。

(3)　還元性物質に対して比較的安定なので，それ以外の物質との接触に注意する。

(4)　硝酸により可燃物が燃えている場合は，水，泡等適応した消化剤で消化する。

(5)　皮膚に付着すると火傷を起こすので注意する。

ヒント

硝酸の取扱いの注意事項

硝酸は強い酸化性物質であるので，還元性のある物質との接触を避けねばならない。

［8］　硝酸の貯蔵又は取扱いの注意事項として，次のうち誤っているものはどれか。

(1)　強い酸化性があり，二硫化炭素やアミン類やヒドラジン類などと混合すると発火又は爆発する。

(2)　日光の直射や熱源を避けて貯蔵する。

(3)　金属製容器を使用するときは，ステンレス鋼やアルミニウム製の容器で貯蔵する。

(4)　容器は密栓する。

(5)　強い酸化性があり，濃硝酸はそれ自身が爆発，燃焼を起こすので，取扱いには十分注意を要する。

ヒント

硝酸の取扱いの注意事項

それ自身は燃えないが，混在する他の可燃物の燃焼を促進する。

[9]　硝酸の貯蔵又は取扱いの注意事項として，次のうち誤っているものはどれか。

(1)　水溶液は強酸性を呈する。

(2)　酸化性が強いので，木片や紙などの有機物との接触に注意する。

(3)　腐食性があるので，容器の材質に注意する。

(4)　安定剤として二硫化炭素を入れて貯蔵する。

(5)　毒性が非常に強いので蒸気を吸わないようにする。

ヒント　**硝酸の取扱いの注意事項**

二硫化炭素，アミン類，ヒドラジン類などと混合すると発火，爆発する。

[10]　硝酸の性状とその危険性について，次のうち誤っているものはどれか。

(1)　純粋な硝酸は無色の液体であるが，熱や光の作用で分解して二酸化窒素を生じるため，黄褐色に着色していることがある。

(2)　銀や銅とは反応しない。

(3)　含水率が低く高濃度の二酸化窒素を含む濃硝酸（発煙硝酸）は，酸化剤やニトロ化剤として用いられる。

(4)　アミン類や有機物などと接触すると，発火又は爆発の危険がある。

(5)　湿気を含む空気中で褐色に発煙する。

ヒント　**硝酸の危険性**

銅や銀とも反応する。

［11］　硝酸の貯蔵又は取扱いについて，次のうち誤っているものはどれか。

(1)　蒸気は毒性が非常に強いので，取扱いに注意すること。

(2)　分解を促す物質との接触を避けて貯蔵すること。

(3)　還元性物質との接触を避けて貯蔵すること。

(4)　水と接触すると可燃性ガスを発生するので注意すること。

(5)　貯蔵はステンレス鋼，アルミニウム製の容器を使用する。

ヒント　**硝酸の貯蔵・取扱い**

水とは任意の割合で混ぜて水溶液をつくる。可燃性ガスの発生はない。

［12］　硝酸の漏えい事故に対する注意事項として，次のうち不適当なものはどれか。

(1)　衣類，身体等に付着しないようにする。

(2)　大量の乾燥砂で流出を防止する。

(3)　発生する蒸気は，毒性が強いので吸い込まないようにする。

(4)　付近にある可燃物と接触させないようにする。

(5)　ぼろ布で吸い取る。

ヒント　**硝酸の事故に対する注意事項**

有機物と接触すると発火することがある。

[13]　発煙硝酸の性状について，次のうち正しいものはどれか。

(1)　湿気を含む空気中で，白色の煙を発生する。

(2)　濃硝酸に二酸化窒素を加圧飽和させて作る。

(3)　強い還元力を有している。

(4)　可燃性である。

(5)　無色の液体である。

ヒント

発煙硝酸の性状

・空気中で窒息性の褐色の二酸化窒素の蒸気を発生する。
・強い酸化力を有している。
・燃焼性はない。
・赤色又は赤褐色の液体。

[14]　硝酸及び発煙硝酸について，次の A～E のうち正しいものはいくつあるか。

A　98％以上の硝酸は発煙硝酸といい，淡黄色の液体である。

B　発煙硝酸は赤色又は赤褐色の透明な液体である。

C　硝酸の蒸気は有毒ではないが，それが分解して生じた二酸化窒素のガスは有毒である。

D　発煙硝酸は，硝酸ほど酸化力は強くない。

E　硝酸自体には爆発性や燃焼性はない。

(1)　1つ　(2)　2つ　(3)　3つ　(4)　4つ　(5)　5つ

ヒント

硝酸・発煙硝酸の性状

・発煙硝酸は赤色又は赤褐色の液体。
・硝酸，硝酸蒸気及び分解により生じた窒素酸化物のガスは極めて有毒である。
・酸化力…硝酸 ＜ 発煙硝酸（はるかに大きい）

4.　その他のもので政令で定めるもの

ハロゲン間化合物

- ２種のハロゲンからなる化合物。
- 揮発性のものもある。
- 強力な酸化剤である。
- 多数のフッ素原子を含むものは特に反応性に富むが爆発はしない。
- ほとんどすべての金属や非金属を酸化し，**ハロゲン化物**（フッ化物）を作る。
- それぞれのハロゲン単体の性質を示す。
- 可燃物と接触すると発熱する。

三フッ化臭素　BrF_3　　（指定数量　300kg）

形状	◦　無色の液体
性状	**比重　2.84**　　**融点　9℃**　　**沸点　126℃** ◦　不燃性である。 ◦　空気中で発煙する。 ◦　低温では固化し，**無水フッ化水素酸**などの溶媒に常温（20℃）で溶ける。
危険性・火災予防	◦　水と激しく作用して発熱・分解する。その際，猛毒で腐食性のある**フッ化水素**を生成する。 ◦　紙や木材，油脂などの可燃物と接触すると発熱する。 ◦　酸と接触すると激しく反応する。 ◦　強いフッ化剤で，多くの金属・非金属・無機化合物と反応する。
貯蔵	＊　容器は密栓する。 ＊　直射日光を避け，冷暗所で貯蔵する。
消火	◦　粉末の消火剤又は乾燥砂で消火する。 ◦　水系の消火剤は適切でない。

〔用途〕電解溶剤など

五フッ化臭素　BrF_5　　（指定数量　300kg）

形状	◦　無色の液体
性状	比　重　**2.46** 融　点　**−60**℃ 沸　点　**41**℃
危険性・火災予防	◦　気化しやすい。 ◦　水と作用して，三フッ化一酸化臭素（$BrOF_3$）と**フッ化水素**を生成する。 ◦　紙や木材，油脂などの可燃物と接触すると発熱する。 ◦　三フッ化臭素より反応性に富み，ほとんどの元素や化合物と反応してフッ化物に変わる。 ◦　猛毒であり，皮膚・組織を腐食させる。
貯蔵	＊　容器は密栓する。 ＊　直射日光を避け，冷暗所で貯蔵する。
消火	◦　粉末の消火剤又は乾燥砂で消火する。 ◦　水系の消火剤は適切でない。

〔用途〕ロケット推進薬中の酸化剤など

フッ化水素（HF）

・猛毒で腐食性がある。
・水溶液は**ガラス**，**セラミック**を腐食する。

五フッ化臭素（BrF_5）

・臭素とフッ素を200℃で反応させてつくる。

五フッ化ヨウ素　IF_5　（指定数量　300kg）

形状	◦ 無色の液体
性状	**比　重　3.19** **融　点　9.4**℃ **沸　点　100.5**℃ ◦ 反応性に富み，金属，非金属と容易に反応し，フッ化物を生じる。 ◦ 有機化合物の部分的なフッ素化反応に用いられる。 ◦ 硫黄，赤リンとは光を放って反応する。
危険性・火災予防	◦ 水と激しく反応して**フッ化水素**とヨウ素酸の有毒ガスを生じる。 ◦ 可燃物との接触を避ける。
貯蔵	* 容器は密栓する。
消火	◦ 粉末の消火剤又は乾燥砂で消火する。 ◦ 水系の消火剤は適切でない。

参　考

ハロゲン化合物の種類

三フッ化臭素　　　五フッ化臭素
塩化臭素（BrCl・赤黄色）　　　三フッ化塩素（ClF_3・淡い黄色）
一塩化ヨウ素（ICl・赤褐色）　　　五フッ化ヨウ素（IF_5）　　など

練習問題

[1]　ハロゲン間化合物の性状について，次のうち誤っているものはどれか。

(1)　2種のハロゲンからなる化合物の総称で，多数のふっ素原子を含むものは特に反応性に富む。

(2)　金属，非金属と反応する。

(3)　可燃物と接触しても，加熱・衝撃がなければ，安定している。

(4)　それぞれのハロゲンの単体の性質を有している。

(5)　水と反応するため水との接触を避ける。

ヒント　**ハロゲン間化合物の性状**

可燃物と接触すると，発熱・自然発火し，爆発的燃焼を起こす。

[2]　ハロゲン間化合物の消火について，次のうち適切なものはいくつあるか。

A　粉末の消火剤を噴射する。

B　泡消火剤を放射する。

C　ハロゲン化物を放射し希釈する。

D　二酸化炭素消火剤を放射する。

E　乾燥砂で覆う。

(1)　1つ　(2)　2つ　(3)　3つ　(4)　4つ　(5)　5つ

ヒント　**ハロゲン間化合物の消火方法**

水系・ハロゲン化物・二酸化炭素の消火剤は適切でない。

[3]　三フッ化臭素の性状について，次のうち誤っているものはどれか。

(1)　空気中で木材，紙などと接触すると発熱反応をおこす。

(2)　水と激しく反応する。

(3)　多くの金属と激しく反応する。

(4)　常温（20℃）では液体である。

(5)　それ自体は爆発性の物質である。

ヒント　**三フッ化臭素の性状**

それ自体は不燃性。

[4]　三フッ化臭素について，次のA～Eのうち正しいものはいくつあるか。

A　無色の液体である。

B　五フッ化臭素より反応性に富んでいる。

C　貯蔵容器は密栓しておく。

D　空気中で発煙する。

E　融点は9℃である。

(1)　1つ

(2)　2つ

(3)　3つ

(4)　4つ

(5)　5つ

ヒント　**五フッ化臭素の性状**

反応性 ⇨ 五フッ化臭素 ＞ 三フッ化臭素

[5]　三フッ化臭素について，次のA〜Eのうち正しいものはいくつあるか。

A　水と反応して猛毒で腐食性のフッ化水素を発生する。

B　常温（20℃）では固化している。

C　常温（20℃）で無水フッ化水素酸の溶媒に溶ける。

D　多くの金属とは反応するが，無機化合物とはほとんど反応しない。

E　水と激しく反応する。

(1)　なし
(2)　1つ
(3)　2つ
(4)　3つ
(5)　4つ

ヒント　**三フッ化臭素の性状**

・融点が9℃なので，常温では液体である。
・多くの金属，非金属，無機化合物と反応する。

[6]　五フッ化臭素の性状として，次のうち誤っているものはどれか。

(1)　反応性に富み，ほとんどの金属，非金属と反応してフッ化物をつくる。
(2)　沸点が低く蒸発しやすい。
(3)　水と爆発的に反応し，フッ化水素を発生する。
(4)　赤褐色の液体である。
(5)　燃焼した場合は，粉末の消火剤又は乾燥砂で消火する。

ヒント　**五フッ化臭素の性状**

無色の液体

［7］　五フッ化臭素の性状として，次のうち誤っているものはどれか。

(1)　臭素とフッ素を200℃で反応させてつくる。

(2)　三フッ化臭素より反応性に富む。

(3)　常温（20℃）では，無色の液体である。

(4)　容器に通気孔を設ける。

(5)　気化しやすい。

ヒント　**五フッ化臭素の性状**

容器は密栓する。

［8］　五フッ化ヨウ素の性状として，次のうち誤っているものはどれか。

(1)　強酸で腐食性が強いため，ガラス容器が適している。

(2)　常温（20℃）において，液体である。

(3)　硫黄，赤リンとは光を放って反応する。

(4)　水と激しく反応して，フッ化水素を生じる。

(5)　反応性に富み，金属と容易に反応してフッ化物を生成する。

ヒント　**五フッ化ヨウ素の性状**

ガラス，セラミックを腐食する。

総 合 問 題

[1]　第 6 類の危険物の性状として，次のうち誤っているものはどれか。

(1)　発煙硝酸は，濃硝酸に二酸化窒素を加圧飽和させたもので，硝酸より酸化力は劣る。

(2)　過酸化水素は，熱，日光により分解する。

(3)　硝酸の水溶液は，金属酸化物，水酸化物に作用して硝酸塩を生成することがある。

(4)　ハロゲン間化合物には，水と激しく反応するものがある。

(5)　過塩素酸は，強い酸化力を持ち，空気中で強く発煙する。

ヒント　**第 6 類の危険物の性状**

発煙硝酸は，硝酸より酸化力が強い。

[2]　次の危険物と危険性の組合せのうち，誤っているものはどれか。

(1)　過 塩 素 酸 ——— 空気中で強く発煙する。

(2)　過 酸 化 水 素 ——— 強い酸化性を有する。

(3)　硝　　　　酸 ——— 硝酸蒸気及び分解して生じる窒素酸化物のガスは極めて有毒である。

(4)　発 煙 硝 酸 ——— 硝酸よりさらに酸化力が弱く，冷水にはよく溶ける。

(5)　五フッ化臭素 ——— 水との接触を避ける。

ヒント　**第 6 類の危険物の性状**

発煙硝酸

硝酸より酸化力が強く，冷水にはほとんど溶けない。

［3］　過塩素酸，過酸化水素及び硝酸に共通する性状として，次のうち誤っているものはどれか。

(1)　皮膚を腐食する。

(2)　水によく溶ける。

(3)　それ自身は不燃性である。

(4)　加熱すると分解し，可燃性ガスを発生する。

(5)　有機物などに接触すると発火する危険がある。

ヒント　**過塩素酸，過酸化水素の性状**

可燃性ガスは発生しない。

［4］　第6類の危険物と性質の組合せとして，次のうち誤っているものはどれか。

(1)　五フッ化臭素 ―― 水と反応してフッ化水素をつくる。

(2)　過 塩 素 酸 ―― 強い酸化力を有する。

(3)　過酸化水素 ―― 還元剤として働くことがある。

(4)　三フッ化臭素 ―― 水と反応してフッ化水素を生じる。

(5)　濃　硝　酸 ―― 鉄と反応して激しく水素を発生する。

ヒント　**濃硝酸の性状**

鉄は濃硝酸には不動態をつくりおかされない。

［5］ 第 6 類の危険物の火災予防方法として，次の A～E のうち正しいものはどれか。

A 過酸化水素水を貯蔵するときは，容器は密栓せず通気のための穴の開いた栓をすること。

B 過塩素酸は不安定な物質なので，分解を抑制するための高圧密閉貯蔵とすること。

C 硝酸を貯蔵するときは，腐食に対して比較的安定なステンレス鋼，アルミニウムなどの容器を用いること。

D 過塩素酸を貯蔵する場合は，定期的に検査し，変色などしているときは廃棄すること。

E 過酸化水素は，濃度が高くなるほど安定するので，できるだけ濃度を高めて貯蔵し，水で希釈して使用すること。

(1) B，D，E

(2) B，C，E

(3) A，C，E

(4) A，C，D

(5) A，B，D

ヒント **第 6 類の火災予防方法**

過塩素酸	密閉容器に入れ，冷暗所で保存しても分解・黄変し，爆発的に分解する。
過酸化水素	濃度 50%以上の場合，不安定で爆発することがある。

［6］　第6類の危険物（ハロゲン間化合物を除く）にかかわる火災の消火方法として，次のA〜Eのうち，一般に不適当とされているもののみを掲げているものはどれか。

A　ハロゲン化物消火剤を放射する。

B　霧状の水を放射する。

C　乾燥砂でおおう。

D　霧状の強化液消火剤を放射する。

E　二酸化炭素消火剤を放射する。

(1)　AとB

(2)　AとE

(3)　BとD

(4)　CとD

(5)　CとE

ヒント

第6類の危険物の消火方法

　二酸化炭素，ハロゲン化物による消火，又は炭酸水素塩類等を使用する消火粉末等は不適当である。

§4

模 擬 試 験

模擬試験　1

［1］　危険物の類ごとの性状として，次のうち正しいものはどれか。

(1)　第1類の危険物は，酸化性の液体である。

(2)　第2類の危険物は，可燃性の固体である。

(3)　第3類の危険物は，引火性の液体である。

(4)　第5類の危険物は，酸化性の固体または液体である。

(5)　第6類の危険物は，可燃性の液体である。

［2］　第1類から第6類の危険物の性状として、次のうち誤っているものはどれか。

(1)　同一の物質であっても、形状や粒度によって危険物になるものとならないものがある。

(2)　不燃物の液体又は固体でも、酸素を分離し他の燃焼を助けるものがある。

(3)　水と接触して発熱し、可燃性ガスを発生するものがある。

(4)　危険物には単体、化合物及び混合物の3種類がある。

(5)　同一の類の危険物に対する適応消火剤及び消火方法は同じである。

[3]　第6類の危険物に共通する火災予防の方法として，貯蔵容器に密栓することが必要とされているが，例外的に通気孔の付いた容器に入れ，できるだけ冷暗所に貯蔵しなければならない危険物は次のうちどれか。

(1)　硝酸

(2)　発煙硝酸

(3)　三フッ化臭素

(4)　過塩素酸

(5)　過酸化水素

[4]　過塩素酸についての記述のうち，誤っているものの組み合わせはどれか。

A　空気中で激しく発煙する。

B　強い酸化力がある。

C　皮膚に対しては腐食しないが，蒸気を吸引すると有毒である。

D　安定剤としてアルコールを添加して貯蔵する。

E　無色の液体である。

(1)　A，B
(2)　C，D
(3)　B，E
(4)　A，E
(5)　A，C

[5]　過酸化水素の記述で，誤っているものはどれか。

(1)　熱や日光によって分解し，酸素を放出する。

(2)　容器には密栓をして冷暗所で貯蔵する。

(3)　3%水溶液をオキシドールといい漂白剤や消毒剤に使用される。

(4)　強い酸化性を示す。

(5)　分解を抑制するため，尿酸やリン酸を添加する。

[6]　硝酸の貯蔵又は取り扱い上の注意事項として，次のうち誤っているものはどれか。

(1)　金属粉，有機物及び可燃物との接触を避ける。

(2)　皮膚に対して腐食性があるため，火傷を起こすので注意を要する。

(3)　通気性のよい冷暗所に貯蔵する。

(4)　貯蔵するときは，ステンレス鋼やアルミニウム容器を使用する。

(5)　強い還元力がある物質であるため発火の危険性がある。

［7］　ハロゲン間化合物の性状について，誤っているものはどれか。

（1）　強力な酸化剤である。

（2）　水と激しく作用して酸素を発生するものもある。

（3）　多くの金属・非金属・無機化合物と反応する。

（4）　多くのフッ素原子を含むほど反応性は富む。

（5）　毒性の強い物質である。

［8］　発煙硝酸について，誤っているものはいくつあるか。

A　赤褐色の液体である。

B　木片，紙やぼろなどの有機物と接触すると発火することがある。

C　流出したときは，土砂などをかけるか水で洗い流す。

D　発煙硝酸は濃硝酸に二酸化窒素を加圧飽和させたものである。

E　水にはほとんど溶けない。

（1）なし

（2）1つ

（3）2つ

（4）3つ

（5）4つ

[9]　三フッ化臭素の記述で，次のうち誤っているものはいくつあるか。

A　無色の液体。

B　水とは接触させない。

C　火災については粉末の消火剤又は乾燥砂を使用する。

D　引火性はあるが，反応性は低い。

E　融点は9℃，沸点は126℃である。

(1)　なし
(2)　1つ
(3)　2つ
(4)　3つ
(5)　4つ

[10]　五フッ化臭素(BrF_5)の性状について，誤っているものはどれか。

(1)　水と反応すると三フッ化一酸化臭素とフッ化水素を生成する。

(2)　気化しやすい液体である。

(3)　三フッ化臭素より反応性は劣る。

(4)　ほとんどすべての元素化合物と反応してフッ化物をつくる。

(5)　無色の液体である。

模擬試験　2

[1]　危険物の類ごとに共通する性状として、次のA～Eのうち誤っているものはいくつあるか。

A　第1類…分解して酸素を発生しやすい酸化性の固体である。

B　第2類…着火又は引火しやすい可燃性の固体である。

C　第3類…禁水性の可燃性固体である。

D　第4類…引火性の液体である。

E　第5類…分解または爆発しやすい液体である。

(1)　1つ　(2)　2つ　(3)　3つ　(4)　4つ　(5)　5つ

[2]　第6類の危険物の取扱い方法について，注意すべき事項として，誤っているものはどれか。

(1)　加熱により毒性のガスを放出するので注意する。

(2)　一般に皮膚を腐食するので注意する。

(3)　金属に対する腐食性が強いものがあるので容器の材質に注意する。

(4)　有機物や可燃物と接触すると発火するおそれがあるので注意する。

(5)　流出事故が生じたときは炭酸水素塩類の消火粉末で風下より消火する。

[3]　第６類の危険物の貯蔵・取扱い方法として，誤っているものはどれか。

(1)　蒸気が発生するため，通風の良い場所で取り扱う。

(2)　酸化力が強いので可燃物と混ぜると発火することがあるため注意を要する。

(3)　火源があれば燃焼するので，取扱いに注意する。

(4)　必要に応じて防毒マスク等を着用させる。

(5)　水と接触すると発熱し，酸素を放出するものもあるので十分に注意する。

[4]　硝酸についての記述で，次のうち正しいものはいくつあるか。

A　無色の液体である。

B　腐食作用が強く，皮膚や金属をおかす。

C　日光により分解して水素と二酸化窒素を生じる。

D　容器は比較的安定なステンレス鋼やアルミニウム製を使用する。

E　貯蔵は換気のよい乾燥した場所でする。

(1)　なし

(2)　1つ

(3)　2つ

(4)　3つ

(5)　4つ

[5]　過酸化水素の貯蔵・取扱いについて，誤っているものはどれか。

(1)　加熱や日光の直射を避ける。

(2)　皮膚に触れると火傷をするため，十分に気をつけて取り扱う。

(3)　容器は密栓せず，通気のための穴の開いた栓をしておく。

(4)　強酸性で強い酸化力があるため，有機物などの混合により爆発・発火のおそれがある。

(5)　容器より漏れたときは大量の水で洗い流す。

[6]　過塩素酸について正しい組合せはどれか。

A　消火の方法は炭酸ガスによるものが最も有効である。

B　酸化力は弱い。

C　無色の発煙性の液体である。

D　木片やかんなくずなどに接触すると自然発火や加熱により爆発の危険性がある。

E　密閉容器に入れ，冷暗所で保存すれば長期間保存が可能である。

(1)　AとB
(2)　DとE
(3)　BとC
(4)　AとE
(5)　CとD

［7］　過酸化水素について，次のうち誤っているものはどれか。

(1)　純粋なものは，粘性のある液体である。

(2)　水に溶けやすい。

(3)　強力な酸化剤で，高濃度のものは爆発の危険性がある。

(4)　不安定で分解しやすいので，種々の安定剤が加えられている。

(5)　傷口等の消毒用として市販されている水溶液の濃度は，40～50％のものである。

［8］　ハロゲン間化合物の一般的性状として，次のうち誤っているものはどれか。

(1)　２種のハロゲン元素からなる化合物である。

(2)　多数のフッ素原子を含むものは特に反応性に富む。

(3)　強力な酸化剤である。

(4)　多くの金属や非金属と反応して，フッ化物をつくる。

(5)　可燃物と接触させても加熱，衝撃を与えなければ安定している。

[9]　三フッ化臭素についての記述で，誤っているものはどれか。

(1)　空気中で発煙する。

(2)　猛毒の物質である。

(3)　多くの金属や無機化合物と反応する。

(4)　無色の液体で0℃でも凍らない。

(5)　水と激しく反応してフッ化水素を発生する。

[10]　発煙硝酸についての記述のうち，正しいものはいくつあるか。

A　腐食作用が強く，皮膚や金属をおかす。

B　無色の粘りのある液体である。

C　濃硝酸を加熱，濃縮することにより得られる。

D　強力な酸化剤で硝酸よりも強い。

E　空気中では毒性の強い窒息性の蒸気を発生する。

(1)　1つ

(2)　2つ

(3)　3つ

(4)　4つ

(5)　5つ

模擬試験　3

[1]　各類の危険物の性状として，誤っているものはどれか。

(1)　第1類の危険物は過熱・衝撃により分解して酸素を放出する。

(2)　第2類の危険物は可燃性の液体である。

(3)　第3類の危険物は自然発火性又は禁水性の性質を有する。

(4)　第5類の危険物は自己反応性物質と呼ばれ，燃焼に必要な酸素を含んでいる。

(5)　第6類の危険物は酸化性液体で比重は1より大きい。

[2]　第1類から第6類の危険物の性状等について，次のうち正しいものはどれか。

(1)　危険物には常温（20℃）において，気体，液体及び固体のものがある。

(2)　引火性液体の燃焼は蒸発燃焼であるが，引火性固体の燃焼は分解燃焼である。

(3)　液体の危険物の比重は1より小さいが，固体の危険物の比重はすべて1より大きい。

(4)　保護液として，水，二硫化炭素及びメタノールを使用するものがある。

(5)　多くの酸素を含んでおり，他から酸素の供給がなくても燃焼するものがある。

[3]　第 6 類の危険物の貯蔵・取扱い方法について，正しいものはいくつあるか。

A　過 塩 素 酸 ——— 定期的に検査し，汚損や変色しているときは廃棄処分にする。

B　過酸化水素 ——— 容器は密栓をせず通気のために栓に穴をあけ，冷暗所で貯蔵する。

C　硝　　　酸 ——— 直射日光や熱源を避け，アルミニウム製の容器に入れ窒素酸化物が溜まらないように開封した栓をして湿気のない所で貯蔵する。

D　三フッ化臭素 ——— 水と激しく反応して有毒なフッ素を発生する。

E　五フッ化臭素 ——— 水系の消火剤は適当でないので粉末の消火剤又は乾燥砂で消火する。

(1)　1 つ　(2)　2 つ　(3)　3 つ　(4)　4 つ　(5)　5 つ

[4]　第 6 類の危険物の共通する火災予防の方法として，正しいものはいくつあるか。

A　火気や日光の直射を避けなければならない。

B　容器は鉄などの耐酸性の金属とし，密栓して貯蔵する。

C　無機物との接触を極力避ける。

D　密栓をして貯蔵してはいけない物質は過酸化水素のみである。

E　水と反応するのは三フッ化臭素のみである。

(1)　なし　(2)　1 つ　(3)　2 つ
(4)　3 つ　(5)　4 つ

[5]　過塩素酸の流出事故時における処置について，適切でないものはどれか。

(1)　空気中で激しく発煙するので，作業は風上より保護具等を付けて行う。

(2)　木片などの有機物と接触すると自然発火するので，可燃物を除去する。

(3)　水中に滴下すれば激しく発熱するので，大量の注水による洗浄は絶対に避けるべきである。

(4)　大量の水で洗い流す。

(5)　流出面積の拡大を防ぐため，乾燥砂でおおう。

[6]　過塩素酸の性状として，次のうち正しいものはどれか。

(1)　皮膚への腐食性は弱い。

(2)　それ自身は，不燃性であるが，加熱すると爆発する。

(3)　赤褐色で刺激臭のある液体である。

(4)　アルコール類とは反応しない。

(5)　内圧が高まるので容器は密閉しない。

[7]　過酸化水素について，正しいものはいくつあるか。

A　水より重い無色の液体である。

B　高濃度（50%以上）のものは爆発性がある。

C　熱や日光により酸素と水素に分解する。

D　分解を防止するため安定剤としてリン酸を添加する。

E　強い酸化性を有するが，液体は弱酸性である。

(1)　1つ
(2)　2つ
(3)　3つ
(4)　4つ
(5)　5つ

[8]　硝酸について，正しい組合せはどれか。

A　消火の際は防毒マスクを着用する。

B　運搬容器は銅製品を使用するとよい。

C　流出したときは，希硫酸水溶液で中和する。

D　湿気を含む空気中では褐色の煙を発する。

E　火薬の原料でもあり，衝撃により発火・爆発のおそれがある。

(1)　A と B
(2)　B と C
(3)　D と E
(4)　B と D
(5)　A と D

［9］　硝酸に接触して発火・燃焼するものはいくつあるか。

A　二硫化炭素

B　ヒドラジン類

C　紙

D　水

E　アミン類

(1)　1つ
(2)　2つ
(3)　3つ
(4)　4つ
(5)　5つ

［10］　五フッ化臭素について，誤っているものはどれか。

(1)　無色の液体である。

(2)　水と反応して猛毒のフッ化水素を発生する。

(3)　反応性に富み，ほとんどすべての元素と反応する。

(4)　無水フッ化水素酸に常温（20℃）で溶ける。

(5)　融点－60℃，沸点41℃の気化しやすい液体である

科目免除で受験

乙種第 6 類危険物取扱者試験

◇◇◇

2005 年 11 月 1 日 第 1 版 第 1 刷 発行
2023 年 8 月 1 日 第 5 版 第 1 刷 発行

発行者 伊藤 由彦
印刷所 ㈱太洋社

発行所 株式会社 梅田出版
〒530-0003 大阪市北区堂島 2-1-27
TEL 06 (4796) 8611
FAX 06 (4796) 8612

【第 6 類危険物のまとめ】

・不燃性液体　・無機化合物　**・酸化力が強く可燃物の燃焼を促進する。**　・腐食性が

品　名	性　状				
	色・形状	比　重	融点（℃）	沸点（℃）	性　質
1　過塩素酸					
過塩素酸	・無色 ・発煙性液体	1.8	−112	39 (56mmHg)	・空気中で強く発煙する。 ・強い酸化力を持つ。 ・皮膚を腐食する。
2　過酸化水素					
過酸化水素	純粋なものは ・無色 ・粘性液体	1.5	−0.4	152	・強い酸化性を持つ。 ・水に溶けやすく，弱酸性で ・極めて不安定で濃度 50%以 も水と酸素に分解し、爆発 ・皮膚に触れると火傷を起こ
3　硝酸					
硝　酸	・無色 ・液体	1.5 （市販品は 1.38 以上）	−42	86	・強い酸化力を持つ。 ・湿気を含む空気との接触で 煙する。 ・水と任意の割合で混合し， は強酸性を呈する。 ・日光、加熱により黄褐色と 二酸化窒素を生ずる。
発煙硝酸	・赤色又は 赤褐色 ・液体	1.52～			・空気との接触で，NO_2 の褐 生する。 ・濃硝酸に二酸化窒素を加圧飽和 ・硝酸より酸化力が強い。
4　ハロゲン間化合物					
三フッ化臭素	・無色の液体	2.84	9	126	・空気中で発煙する。 ・木材，紙，油脂類等の可燃 すると反応が起こり，発熱 より自然発火することがあ 焼を起こす。
五フッ化臭素	・無色の液体	2.46	−60	41	・気化しやすい。 ・三フッ化臭素より反応性に どすべての元素化合物と反 化物に変わる。
五フッ化ヨウ素	・無色の液体	3.19	9.4	100.5	・反応性に富み，金属，非金 応し，フッ化物を生じる。